EAUX MINÉRALES

ALCALINES GAZEUSES

DE

CONDILLAC

(REINE DES EAUX DE TABLE)

« L'Eau de Condillac, par sa composition miné-
rale et par le gaz acide carbonique qu'elle ren-
ferme en abondance, est éminemment favora-
ble soit à la digestion, soit à la nutrition ; elle
l'emporte sous ces deux points de vue, ainsi
que par son goût franchement piquant, sur
les autres Eaux gazeuses connues jusqu'à ce
jour... Elle a mérité le surnom de *Reine des
Eaux de table.* »

> SOCQUET, *lauréat de l'Académie impériale de
> Médecine (Médaille d'or) au concours sur
> les Eaux minérales alcalines, médecin de
> l'Hôtel-Dieu de Lyon, professeur titulaire à
> l'École de médecine.*

« Eau très-agréable. Je la prescris dans la gravelle et dans les gastralgies. »

> BOUCHARDAT, *8e édition de son Formulaire.*

VALENCE
IMPRIMERIE DE JULES CÉAS ET FILS
Rue de l'Université, 9.

1863

EAUX MINÉRALES

ALCALINES GAZEUSES

DE

CONDILLAC

(REINE DES EAUX DE TABLE)

———◦———

I.

L'eau alcaline, gazeuse, iodée, de Condillac, était appelée par les Romains *Condita aqua*, — eau *savoureureuse, assaisonnée*. — De *Condita aqua* est venu, par corruption, d'abord le nom de *Conditac*, puis celui de *Condillac*.

Les Romains ne furent pas avares du nom de *aqua*, *aquœ*: *Aix* en Provence, *Aix* en Savoie, *Aix*-la-Chapelle: mais ils réservèrent la qualification de *Condita* *(savoureuse)* à l'eau qui va faire le sujet de cet aperçu.

La source *Anastasie* de Condillac et son antique citerne, furent retrouvées, en 1845, sous des éboulements séculaires du mont Givode.

Les fouilles faites au pied du mont Givode et les tranchées ouvertes pour l'exécution de la route destinée à relier l'établissement de Condillac au chemin de fer de Paris à Marseille, ont mis à jour les traces d'une multitude de *fours* dont il serait impossible d'expliquer l'ancienne destination, si l'on n'admettait pas qu'ils ont dû servir à la cuisson des vases dans lesquels les Romains recueillaient l'eau *savoureuse*. La découverte du réservoir qui recevait les eaux vient appuyer cette présomption.

Il paraît donc très-probable que Rome buvait chez elle les eaux de Condillac.

Ces eaux, dès qu'elles furent retrouvées, durent d'abord appeler l'attention des médecins des villes environnantes. La fièvre typhoïde faisait de grands ravages sur divers points du département de la Drôme. On constata que les eaux de Condillac administrées au déclin de la maladie, abrégeaient considérablement la durée des convalescenses et écartaient presque tout danger de rechute.

Les savants praticiens de la ville de Lyon ne tardèrent pas à s'émouvoir des observations faites par leurs modestes confrères des villes environnantes.

Dupasquier, après avoir étudié l'action de l'eau de Condillac sur l'appareil digestif et sur l'appareil urinaire la proclama la reine des eaux de table.

MM. Pétrequin et Socquet voulurent répéter les expériences de Dupasquier. Dans leur remarquable mémoire sur les sources alcalines de France, couronné par l'Académie de médecine, au concours de 1855 (médaille d'or), ils assignèrent aussi aux eaux de Condillac le premier rang parmi les eaux minérales gazeuses froides.

Les ordonnances de Gensoul et de Bonnet attestent leur prédilection pour les eaux de Condillac. Ils avaient promis de faire connaître leurs observations, lorsqu'une mort prématurée vint à les enlever à la science.

La composition chimique des eaux de Condillac, peut-être considérée comme heroïque pour le traitement du vaste croupe des dyspepsies. — Gavarret, membre de l'académie de médecine.

M. le professeur Wurtz, exprime la même opinion.

M. Bouchardat, dans la huitième édition de son *Formulaire*, M. Vincent Duval, dans son *Traité de la maladie scrofuleuse*, et M. Rognetta, dans une notice spéciale, avaient également rendu hommage, il y a quelques années, aux qualités des eaux de Condillac.

Parmi les corps savants qui en ont approuvé et recommandé l'usage, il nous suffira de citer l'Académie impériale de Paris, la Société d'hydrologie, la Société de médecine de Lyon, la Société de médecine de Bordeaux, l'Académie royale de Savoie.

Le prix élevé de ces eaux, à Paris, lors de l'exposition universelle, devait être une cause de défaveur auprès des jurés qui se préoccupaient avec raison, non-seulement de la qualité des produits, mais encore de leur prix de revient. Cependant, les eaux de Condillac furent distinguées par le jury international, qui leur décerna une mention honorable (1).

Ces eaux se divisent en deux sources connues sous les noms d'*Anastasie* et de *Lise*. Nous nous occuperons uniquement de la source *Anastasie*.

---

(1) Depuis cette époque, la voie ferrée de Paris à la Méditerranée a été terminée.

Par l'intelligente modération des tarifs de cette compagnie, le prix du transport s'élève à environ 1 centime par bouteille pour un parcours de 100 kilomètres.

L'eau analysée par Ossian Henry, rapporteur à l'Académie de médecine, a donné les résultats suivants :

Pour 1,000 grammes de liquide :

	Litre.
Acide carbonique libre en volume. , . . .	0,548
Oxygène.	indéterminé.

		Grammes.
Bicarbonates	de chaux anhydre.	1,339
	de soude. . . . . , . .	0,166
	de magnésie.	0,035
Silicate de chaux et d'alumine.		0,245
Sulfate de soude anhydre.		0,475
Chlorure de sodium et de calcium. . .		0,150
Iode, azotate, sels de potasse. . . .		sensibles.
Oxyde de fer crénaté et carbonaté. . .		0,010
Matières organiques		traces.

Total des principes fixes . . . 2,193

Il y a des traces de manganèse dans le dépôt ocracé des sources.

En ce qui concerne la quantité de gaz trouvé dans l'eau de la source Anastasie, nous consignerons ici une observation dont tout le monde comprendra la justesse. Les eaux envoyées à l'Académie de médecine avaient été puisées au milieu des éboulements du mont Givode, loin de la roche d'où elles s'échappent. Dans leur parcours sinueux, à travers des amas de ruines, elles avaient dû perdre une grande partie du gaz, essentiellement fugace dont la nature les a saturées. Nul doute qu'aujourd'hui elles renferment leur volume d'acide carbonique ; des verres doubles et des bouchons solidement fixés peuvent seuls résister à la pression de cet acide.

« MM. Pétrequin, Guilliermond et moi, dit M. Socquet,
» avons répété sur les eaux de Condillac quelques expé-
» riences analytiques, et constaté 1° qu'elles renferment,
» en effet, plus de gaz que ne l'indiquent les chiffres ci-
» dessus (analyse de M. O. Henry); 2° qu'elles sont
» principalement minéralisées par des carbonates alcalins
» et quelques silicates; 3° que la présence du fer y est
» sensible; 4° qu'il y a des traces d'iode; etc. »

Il résulte de toutes ces analyses, que les eaux de la
source Anastasie sont *gazeuses, calciques,* et *iodées,*
bien que l'iode y soit simplement indiqué comme *sensible.*

Nous les examinerons brièvement à ces trois points de
vue, et d'abord comme eaux *gazeuses.*

II.

Il y a un demi siècle à peine, les eaux des sources de
Seltz, situées en Allemagne, étaient à peu près les seules
eaux gazeuses naturelles connues en Europe. Leur prix,
en France, ne pouvait permettre à la consommation de
s'étendre et de se généraliser. La chimie songea à con-
trefaire les eaux de Seltz. Le gaz fut introduit de force
dans de l'eau commune. Bon nombre de praticiens applau-
dirent trop vivement, suivant nous, à cette innovation
moins utile, peut-être qu'ingénieuse. Nous nous borne-
rons à répéter ce que nous avons dit ailleurs, de la dif-
férence profonde et trop peu observée qui sépare les eaux
gazeuses et factices des eaux gazeuses naturelles.

L'eau de Seltz fabriquée ne ressemble pas plus à une
eau gazeuze naturelle, qu'un vin de Chambertin fait sans

raisin ne peut ressembler à celui des riches vignobles de la Côte-d'Or. Dans les eaux de Seltz artificielles, le gaz n'existe qu'à l'état d'interposition ou plutôt de séquestration forcée. C'est un prisonnier qui, quelquefois, brise ses verroux. Au contraire, dans les eaux naturelles, le gaz est combiné ; il y a union et répulsion.

« La chimie est aussi impuissante à dissoudre l'acide » carbonique dans l'eau, qu'elle est impuissante à dis- » soudre le soufre dans le même liquide. La nature s'est » réservée ce double secret. » (CARET, *chirurgien en chef des hôpitaux de Chambéry, rapporteur à l'Académie royale de Savoie).*

Les chimistes mélangent, la nature combine. Aussi, dès qu'on débouche une bouteille d'eau gazeuse artificielle, le gaz s'échappe-t-il, saluant sa mise en liberté par une détonation qui ne peut charmer que l'oreille du vulgaire. Pour obvier à cet inconvénient, on a imaginé des bouteilles dites *à syphon.* On a remplacé un inconvénient par un danger. A l'explosion en plein air, on substitue, autant qu'on le peut, l'explosion en plein estomac. Pense-t-on que cet organe ne soit pas fatigué, irrité, épuisé à la longue, par une boisson qui se distend tout-à-coup au point de prendre trois ou quatre fois son volume?

MM. TROUSSEAU et PIDOUX se montrent peu partisans de l'eau de Seltz artificielle qui *a quelquefois d'assez graves inconvénients (Traité de Thérapeutique).*

Une bouteille d'eau de Seltz artificielle, débouchée, perd tout son gaz en TROIS MINUTES environ, à une température de 25° centigrades, tandis qu'une bouteille d'eau de Condillac, à la même température, dégage des bulles de gaz pendant DOUZE HEURES consécutives. *De trois mi-*

nutes à douze heures, la distance est grande! Avec l'eau artificielle, le dégagement de l'acide carbonique est instantané; il a lieu au moment même où l'on boit. Avec l'eau de Condillac, le dégagement du même acide accompagne la digestion et l'aide jusqu'à ce qu'elle soit achevée.

L'eau gazeuse *artificielle* de Seltz est une machine à VAPEUR QUI ÉCLATE.

L'eau gazeuse *naturelle* de Condillac est une machine à VAPEUR QUI MARCHE.

III.

Les médecins qui n'ont pas expérimenté l'eau de Condillac, ne peuvent soupçonner son action sur l'appareil digestif.

Suivant les deux lauréats de l'Académie, *elle n'a pas de rivale pour la digestion.*

M. Caret exprime la même opinion.

M. Bouchardat la prescrit dans les gastralgies,

« *Je la prescris avec succès dans la convalescence*
» *des fièvres typhoïdes, dans les gastrites anciennes,*
« *les gastralgies,* etc., etc.» (A. Becquerel).

« *Pour les estomacs faibles, irritables, prédisposés*
« *à des gastralgies, à des flatuosités, à des embarras*
« *gastriques, c'est une boisson extrêmement salutaire.*
« *Nous en parlons d'après notre propre expérience.*»
(Rognetta).

« *Nous pouvons affirmer que l'eau de Condillac est*
« *destinée à devenir un jour la tisane de presque tous*
« *les malades affectés de maladies chroniques graves,*
« *à fond phlogistique; ses principes minéralisateurs*

« lui donnant une action cardiaco-vasculaire qui ren-
« dra des services immenses dans la pratique. Elle
« remplacera avec avantage toutes les eaux minérales
« naturelles de table, et sera particulièrement recher-
« chée des grands buveurs qui ont besoin de tempérer
« leur vin. » (Vincent Duval).

« L'eau de Condillac, prise à l'ordinaire, est d'une
« efficacité remarquable dans les vomissements in-
« coercibles de la grossesse ; je l'ai expérimenté plu-
« sieurs fois et toujours avec succès. » (FOUCART.)
Gazette des hôpitaux, 1860.

Parmi les savants praticiens qui, dans leurs écrits,
leurs cours, ou la pratique des hôpitaux, recommandent
l'eau de Condillac, nous citerons MM. ANDRAL, BARTH,
GUÉRARD, NATALIS GUILLOT, ROSTAN, LONDE, BOUILLAUD,
LOUIS, PIORRY, BAZIN, POUGET, DESMARQUAY, etc., etc.,
tous la préconisent d'une manière générale pour combattre avec avantage les troubles du côté des voies
digestives, dans les gastralgies, dans les convales-
cences, etc., etc. Ces éminents praticiens lui accorde
une efficacité réelle dans l'irritation de la vessie, la
gravelle et les calculs vésicaux composés de phosphate
de chaux.

MM. BRETONNEAU (de Tours), BLACHE, BOUCHU, MONOD,
VIGLA, etc., etc., la recommandent aux femmes lym-
phatiques et particulièrement aux enfants, dans les cas
d'aigreurs, de vomissements, de diarrhées provenant
le plus souvent d'acrimonie acide.

Déjà Cullen avait recommandé les sels calcaires dans
la diarrhée acide des enfants. Voici ses paroles : « l'acri-
» monie acide est dans beaucoup de cas la cause de la
» diarrhée, principalement chez les enfants. »

Et son savant traducteur, Bosquillon, ajoute : « Dans
» ce cas on recommande avec raison la *craie*. » (Cullen,
médecine pratique, t. I, 1789, p. 439). Van-Swieten fait
la même recommandation.

Les eaux de Condillac sont particulièrement efficaces
dans les chloroses, l'anémie, les fleurs blanches, l'irré-
gularité de la menstruation. Par les principes ferrugineux
qu'elles contiennent, unis aux autres sels, elles offrent
aux praticiens de grandes ressources, dans les affections
qui reconnaissent pour cause toutes les formes si mobiles
et si insaisissables de l'hystérie. L'acide carbonique est,
en effet, le meilleur véhicule du fer et du manganèse
dans l'organisme.

 « *S'il nous était permis d'ajouter notre propre té-*
« *moignage à ceux qu'on vient de lire, nous dirions*
« *que, dans notre pratique, nous avons noté près de*
« *cent observations de gastrites, de gastro-pathies, de*
« *gastro-entérites gastro-entéralgies, maladies si com-*
« *munes dans notre siècle de gourmandise, dans les-*
« *quelles les eaux de Condillac ont amené une guéri-*
« *son prompte et radicale, lorsque bien d'autres*
« *traitements avaient échoué.* » (Armand).

De savants praticiens de Bordeaux, MM. Gintrac,
Puydebat, Sarraméa, etc, etc, considèrent l'eau de la
source Anastasie, comme spécifique sur l'appareil digestif.

L'eau de la source Anastasie est *calcique*.

Indépendamment du bicarbonate de chaux, elle contient
des bicarbonates de soude et de magnésie, des silicates
de chaux et d'alumine, des chlorures de calcium et de
sodium. Les propriétés de ces divers sels sont trop connues des praticiens pour avoir besoin d'être indiquées.

Nous n'insisterons que sur le bicarbonate de chaux. La quantité contenue dans chaque litre d'eau est, comme l'indique l'analyse, de 1 gr. 36 c.

Les travaux de MM. Dupasquier de Lyon et Jannel de Bordeaux avaient fait ressortir l'utilité du bicarbonate de chaux uni au chlorure de sodium, dans l'acte de la digestion. Les savantes expériences de M. Boussingault sont venu prouver, ce qu'on supposait déjà, que le bicarbonate de chaux jouait un autre rôle non moins considérable, dans l'économie animale, en concourant à la formation du tissu osseux et en prévenant ainsi le rachitisme, point de départ de tant de maladies de la plus redoutable espèce.

IV.

Enfin, l'eau de la source Anastasie est légèrement *iodée.*

Les observations de M. Chatin ont révélé l'influence de l'iode contenu dans les eaux, sur notre économie. Si l'opinion de ce savant pouvait encore laisser des doutes dans quelques esprits, la comparaison que nous allons établir entre l'eau iodée de Condillac et d'autres eaux minérales non iodées, serait de nature à les lever.

Les eaux de Saint-Galmier de Chateldon, de Soulzmatt, etc., etc., ne présentent pas les plus légères traces d'iode. Aussi, M. Ladevèze, médecin-inspecteur à Saint-Galmier, déclare-t-il que les eaux de ces sources sont funestes aux poitrinaires; ce que savent d'ailleurs tous les médecins du midi de la France.

Les eaux non iodées de Pougues et de Saint-Alban sont

également nuisibles aux phthisiques. (Pâtissier, *Manuel des Eaux minérales*).

Depuis que l'on a reconnu l'iode dans les eaux de pluie, des praticiens se sont hâtés de conclure, qu'il devait, *à fortiori*, se rencontrer dans toutes les eaux minérales. Erreur bien dangereuse, contre laquelle nos confrères ne sauraient trop se tenir en garde.

Si les eaux de Saint-Galmier, de Pougues, de Saint-Alban et leurs similaires sont contre-indiquées dans la phthisie pulmonaire, elles sont également contre-indiquées dans le traitement des maladies scrofuleuses en général et de toutes celles qui peuvent procéder du tempé-tempéramment lymphatique.

En est-il de même des eaux iodées de Condillac?

Tous les médecins qui les ont étudiées, MM. BECQUEREL, ROSTAN, BARTH, BOUCHARDAT, BOUILLAUD, PIORRY, LONDE, ANDRAL, CARET, VINCENT DUVAL, ROGNETTA, SAUVET, ARMAND, BLANC, etc., etc., tous, disons-nous préconisent l'usage des eaux de Condillac dans le traitement des maladies scrofuleuses. Tous les conseillent, avec nous, aux personnes à rament lymphatique, et le nombre en est grand.

Mais nous citerons de nouveau M. Duval :

« J'ai fait boire de l'eau de Condillac à une célèbre
» écuyère atteinte de phthisie-pulmonaire au 3e degré.
» C'était la seule boisson que son estomac pût supporter.
» J'ajouterai que tous les jours j'emploie ces eaux dans
» les manifestations scrofuleuses les plus graves, et avec
» le plus grand succès. Elles ont surtout une action puis-
» sante pour combattre la fièvre hectique, qui complique
» si souvent la plupart des lésions locales scrofuleuses. »
(DUVAL).

M. le professeur Monnot (de Besançon) préfère l'eau

de Condillac à d'autres eaux plus chargées d'iode, par ce que, au lieu de fatiguer l'estomac comme celles-ci, elle aide puissamment à la digestion, presque toujours pénible chez les scrofuleux.

M. Rognetta exprime la même préférence.

M. Beaumès dit que l'eau de Condillac *offre aux praticiens les plus grandes ressources pour toutes les personnes d'un tempérament lymphathique.*

Nos propres observations sont conformes à celles des savants praticiens que nous avons cités dans cet opuscule. Les eaux de Condillac préviennent les affections scrofuleuses. Lorsque ces affections existent, les eaux de Condillac sont encore d'un grand secours. Au point de vue hygiénique, elles se placent ainsi, comme eaux de table, au-dessus de Pougues, de Saint-Alban, Saint-Galmier, Chateldon, Soulzmatt, etc., etc.; Toute eau, gazeuse ou non, artificielle ou naturelle, entièrement dépourvue d'iode, doit être rejetée de la consommation journalière, car elle manque d'une des substances essentielles pour constituer une eau parfaitement salubre.

Nous rappellerons ce que nous avons dit de l'eau de la source Anastasie, en mentionnant son action bienfaisante sur l'appareil urinaire. Cette eau est essentiellement diurétique et rafraîchissante.

M. V. Duval a guéri de la gravelle un maître d'hôtel de Plombières, en lui administrant l'eau Anastasie comme remède unique. Nous avons obtenu des cures semblables. Nous rappellerons ici une observation très-essentielle : c'est qu'avant d'ordonner ces eaux il faut reconnaître la nature du calcul ou de la gravelle.

M. Rognetta a guéri par l'eau de Condillac, des irritations du col de la vessie s'énonçant par le besoin fréquent d'uriner.

Nous employons nous-même l'eau de Condillac, dans le traitement du catarrhe de la vessie.

Enfin, nous dirons avec les savants professeurs que nons avons cités que l'eau de Condillac est très-efficace dans la chlorose et l'aménorrhée, bien qu'elle contienne peu de fer, parce que cet agent s'y trouve combiné avec un peu de manganèse, qui en double l'efficacité.

En résumé, l'eau de Condillac est une eau hygiénique par excellence. En thérapeutique, elle convient souvent comme remède, mais plus souvent encore comme adjuvant, dans le traitement d'un grand nombre d'affections.

Auprès des gourmets; l'eau de la source Anastasie se recommande par des qualités que nous pourrions faire ressortir, sans trop oublier son caractère. Elle pétille dans le verre, dispose à la gaieté. Sous ce rapport, elle convient non seulement aux hypocondriaques, mais encore à la plupart des hommes de cabinet et à cette multitude de gens qui ont à lutter contre les préoccupations incessantes des affaires. Elle ne décompose pas le vin, comme les eaux de Vichy, de Bussang, de Saint-Galmier. Elle a une saveur des plus agréables qui la place au-dessus de toute rivalité. Aussi, dans le midi de la France, figure-t-elle sur la plupart des bonnes tables. Unie au sirop de limon ou de groseille, elle forme une délicieuse boisson. Elle a le précieux avantage de pouvoir se transporter au loin, sans subir la moindre altération. Elle est la même à Paris, à Londres, à Saint-Pétersbourg, qu'au pied du mont Givode.

Docteur TAMPIER,
Ex-Médecin-inspecteur des Eaux de Condillac.

Imprimerie de Jules Céas et Fils.